优秀技术工人
百工百法丛书

郭玉明工作法

复吹转炉底吹的精准维护

中华全国总工会 组织编写

郭玉明 著

中国工人出版社

匠心筑梦 技能报国

技术工人队伍是支撑中国制造、中国创造的重要力量。我国工人阶级和广大劳动群众要大力弘扬劳模精神、劳动精神、工匠精神，适应当今世界科技革命和产业变革的需要，勤学苦练、深入钻研，勇于创新、敢为人先，不断提高技术技能水平，为推动高质量发展、实施制造强国战略、全面建设社会主义现代化国家贡献智慧和力量。

——习近平致首届大国工匠创新交流大会的贺信

序

党的二十大擘画了全面建设社会主义现代化国家、全面推进中华民族伟大复兴的宏伟蓝图。要把宏伟蓝图变成美好现实，根本上要靠包括工人阶级在内的全体人民的劳动、创造、奉献，高质量发展更离不开一支高素质的技术工人队伍。

党中央高度重视弘扬工匠精神和培养大国工匠。习近平总书记专门致信祝贺首届大国工匠创新交流大会，特别强调“技术工人队伍是支撑中国制造、中国创造的重要力量”，要求工人阶级和广大劳动群众要“适应当今世界科技革命和产业变革的需要，勤学苦练、深入钻研，勇于创新、敢为人先，不断提高技术技能水平”。这些亲切关怀和殷殷厚望，激励鼓舞着亿万职工群众弘扬劳模精神、劳动精神、工匠精神，奋进新征程、建功新时代。

近年来，全国各级工会认真学习贯彻习近平总书记关于工人阶级和工会工作的重要论述，特别是关于产业工人队伍建设改革的重要指示和致首届大国工匠创新交流大会贺信的精神，进一步加大工匠技能人才的培养选树力度，叫响做实大国工匠品牌，不断提高广大职工的技术技能水平。以大国工匠为代表的一大批杰出技术工人，聚焦重大战略、重大工程、重大项目、重点产业，通过生产实践和技术创新活动，总结出先进的技能技法，产生了巨大的经济效益和社会效益。

深化群众性技术创新活动，开展先进操作法总结、命名和推广，是《新时期产业工人队伍建设改革方案》的主要举措之一。落实全国总工会党组书记处的指示和要求，中国工人出版社和各全国产业工会、地方工会合作，精心推出“优秀技术工人百工百法丛书”，在全国范围内总结100种以工匠命名的解决生产一线现场问题的先进工作法，同时运用现代信息技术手段，同步生产视频课程、线上题库、工匠专区、元宇宙工匠创新工作室等数字知识产品。这是尊重技术工人首创精神的重要体现，是工会提高职工技能素质和创新能力的有力做法，必将带动各级工会先进操作法总结、命名和推广工作形成热潮。

此次入选“优秀技术工人百工百法丛书”作者群体的工匠人才，都是全国各行各业的杰出技术工人代表。他们总结自己的技能、技法和创新方法，著书立说、宣传推广，能让更多人看到技术工人创造的经济社会价值，带动更多产业工人积极提高自身技术技能水平，更好地助力高质量发展。中小微企业对工匠人才的孵化培育能力要弱于大型企业，对技术技能的渴求更为迫切。优秀技术工人工作法的出版，以及相关数字衍生知识服务产品的推广，将为中小微企业的技术进步与快速发展起到推动作用。

当前，产业转型正日趋加快，广大职工对于技能水平提升的需求日益迫切。为职工群众创造更多学习最新技术技能的机会和条件，传播普及高效解决生产一线现场问题的工法、技法和创新方法，充分发挥工匠人才的“传帮带”作用，工会组织责无旁贷。希望各地工会能够总结命名推广更多大国工匠和优秀技术工人的先进工作法，培养更多适应经济结构优化和产业转型升级需求的高技能人才，为加快建设一支知识型、技术型、创新型劳动者大军发挥重要作用。

中华全国总工会兼职副主席、大国工匠

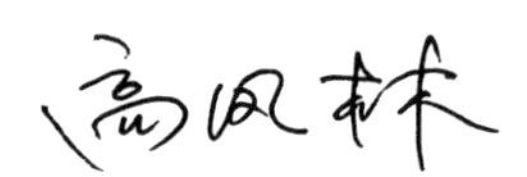

优秀技术工人百工百法丛书

机械冶金建材卷

编委会

作者简介
About The Author

郭玉明

1967 年出生，北京首钢股份有限公司炼钢作业部炼钢工，高级技师，首席技能操作专家，郭玉明创新工作室负责人。

曾获“全国劳动模范”“北京市大工匠”“首都楷模”“冶金科学技术奖”等荣誉和称号。

他提出“郭玉明氧枪操作法”，该工艺应用后，转炉一次拉碳率提高到 90% 以上，单炉冶炼周期缩短8分钟，极大提高了生产效率，该操作方法至今仍被国内大多数钢厂采用，对提高中国转炉冶炼效率起到指导作用；开发高效复吹技术，解决转炉的熔池维护难题，实现转炉碳氧积从0.0030向0.0015的突破，达到国际先进水平，累计实现经济效益3亿元以上；组织国内首次转炉炉底快换成功实施，该工艺为国内首创工艺，实现首钢汽车板炼成率达到99%以上。郭玉明从业以来，一直专注转炉炼钢工作，推进从经验炼钢到自动化炼钢的转变，为推动我国钢铁冶金技术向高、精、尖方向发展作出了突出贡献。

练技思进，专注锻造精品；
钢铁意志，实干浇注栋梁。
工艰任重，坚持成就梦想；
匠心汇聚，创新推动发展。

郭[illegible]明

目　　录
Contents

引 言
Introduction

钢铁工业是一个国家工业化发展的支柱产业，在经济发展过程中具有举足轻重的地位，其发展在一定程度上直接影响着国民经济和工业现代化的步伐。钢铁生产方式主要有转炉炼钢及电炉炼钢，其中转炉在我国钢铁生产中占据主要地位，其所占比例达到90%。

顶底复吹转炉是 20 世纪 70 年代开发成功的重要炼钢工艺技术，目前较大吨位转炉绝大多数均采用了此项工艺技术。与之前广泛采用的顶吹转炉相比，复吹转炉熔池混合搅拌强，渣钢间反应更接近平衡，吹炼终点钢液的氧含量和炉渣的氧化亚铁含量低，且复吹转炉底吹搅拌强度愈大，上述冶金效果愈显著。

目前，随着市场对钢铁品质的要求逐步提高，高品质钢对洁净度的要求日益严苛，即使随着炉外精炼技术的进步，依旧不能解决因转炉终点氧含量、磷含量较高而导致的质量问题，因此洁净钢的生产对转炉炼钢工艺的要求逐渐苛刻。对于复吹转炉炼钢过程，由于底吹气体有助于强化对金属熔池的搅拌，使冶炼反应比较容易趋近于平衡状态，从而有助于终点钢水质量的提高，并且具有降低钢铁料消耗、节约铁合金的用量、减少造渣材料用量等优点。

本书主要针对复吹转炉底吹工艺控制及炉型精准维护技术进行阐述，旨在为冶金工作者提供具有一定借鉴意义的技术成果。

第一讲

转炉底吹的重要性

一、转炉熔池搅拌的来源

随着钢铁产品的结构调整，高品质汽车板、电工用钢、高级别管线钢以及高强钢的比例逐渐升高，对钢的洁净度要求也逐渐提高，而钢液的氧含量成为评价钢材洁净度的主要指标之一。为了提高钢的洁净度，对炉外精炼技术进行优化，但是转炉终点的稳定控制以及转炉终点氧含量、磷含量、温度等参数，不仅影响了炉外精炼的工艺参数，更对洁净度产生影响，只有控制合适的转炉终点成分与温度，才能够降低炉外精炼洁净度控制的压力，从而提高最终产品的洁净度。

在复吹转炉中，熔池搅拌的动力来源有顶吹的氧气、底吹的惰性气体和碳氧反应产生的气泡等三个方面。除碳氧反应的搅拌力决定脱碳速率外，顶吹和底吹的搅拌力都可以根据冶炼过程的实际要求灵活调节。改变顶吹射流搅拌功率的主要因素是氧枪高度、氧枪压力与流量等，影响底吹气体搅拌功率的主要因素是底吹气体流量。据有关文献报道，底吹对熔池的搅拌作用远高于顶吹，其搅拌效果是顶枪搅拌效果的10倍。

国内外的转炉均追求良好的底吹效果，但随着转炉炉龄的增长，炉衬耐火材料状态急剧变化，因此，在炉役后期，转炉的底吹效果难以得到保证。随着底吹效果变差，转炉终点的碳氧积明显升高，转炉内化学反应效率下降，由于转炉终点对后道工序以及最终产品质量的影响，在高级别钢种的生产过程中，尤其是在以汽车板为代表的高品质钢的生产过程中，都对转炉终点氧含量有明确要求，因此多数钢厂在生产高级别钢种时，为了保证钢水的洁净度，选择在炉龄较低时生产高级别钢种，当炉龄提高时，仅用于生产普通钢种，这不仅对转炉炼钢车间的调度产生影响，还降低了产品的质量，同时带来质量不稳定的现象，甚至直接影响了高级别钢种的产量。

二、转炉底吹对熔池搅拌的影响

国内的转炉底吹强度一般都在 0.03~0.05Nm^3/min/t，即使设计的强度较高，但在实际生产过程中，底吹搅拌的强度以及效果均难以保证，主要原因在于以下两点。

①底吹枪堵塞，尤其是炉役的中后期。

②大底吹流量导致底吹枪以及底吹枪附近的炉底区域炉衬的侵蚀，最终影响复吹效果。

随着首钢产品结构的调整，对转炉终点氧含量、磷含量的要求更加苛刻，尤其是汽车板品种逐渐丰富和产量逐渐增加，汽车板的质量控制目标明确要求，其转炉终点氧含量的控制目标为 400~650ppm，但是由于转炉底吹效果难以保证，转炉终点碳氧积较高，难以满足要求，而转炉终点磷含量的控制困难也直接影响了高品质汽车板用钢的生产。一个炉役内转炉终点碳氧积、氧含量、脱磷率的变化情况如下页图 1、图 2 和第 8 页图 3 所示。

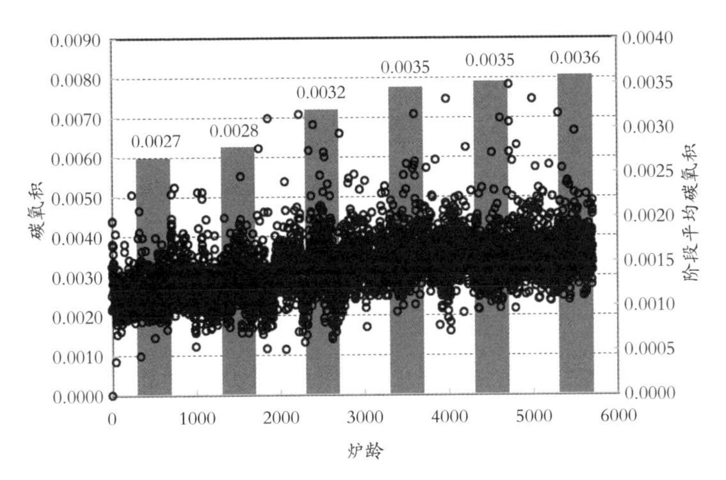

图 1 转炉终点碳氧积变化

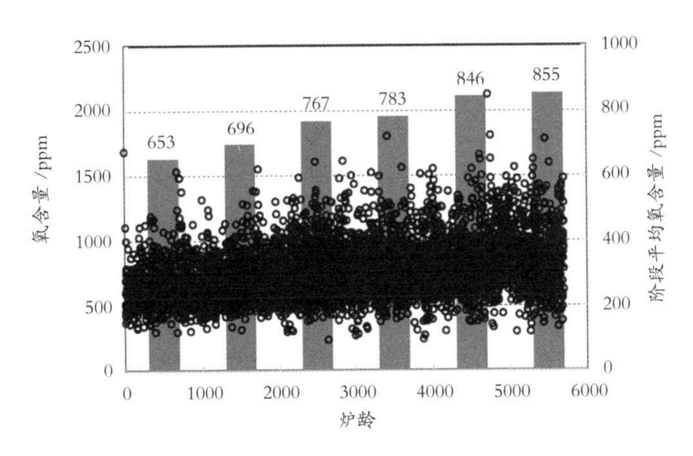

图 2 转炉终点氧含量变化

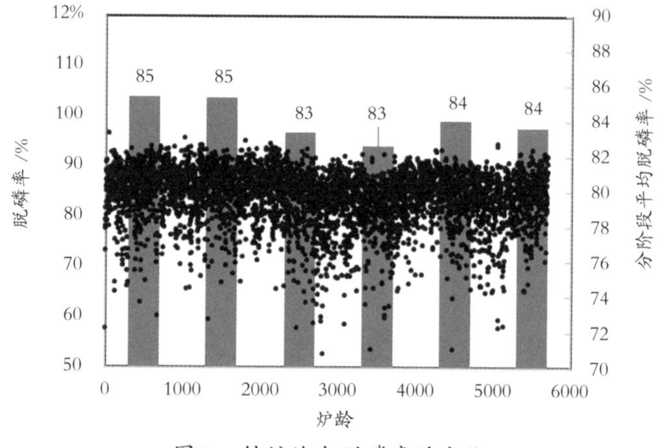

图 3　转炉终点脱磷率的变化

由于底吹较弱，尤其是在转炉吹炼接近终点时，炉渣的氧化亚铁（FeO）含量较高，要降低炉渣 FeO 含量，只能依靠降低氧枪枪位，而降低氧枪枪位增加的搅拌极其有限，即使在转炉接近吹炼终点时刻降低枪位，也难以满足降低 FeO 含量的要求。一个炉役内转炉终渣全铁（TFe）含量的变化情况，如下页图 4 所示。

图 4 中可见，转炉前期由于底吹搅拌效果较好，因此前期转炉终渣 TFe 含量较低，中后期随底吹搅

拌效果变差，TFe 含量逐渐升高。

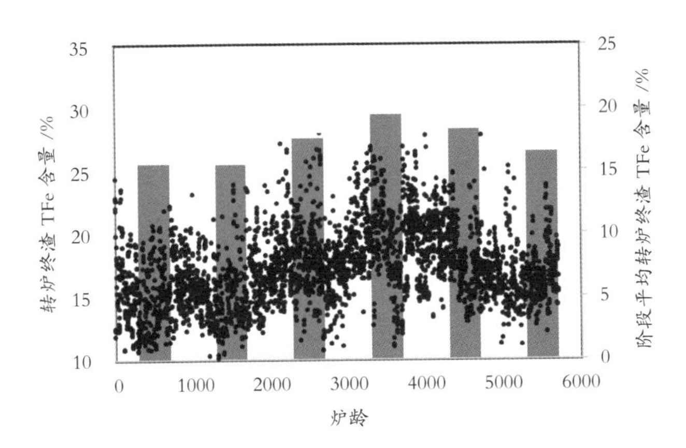

图 4　一个炉役内转炉终渣 TFe 含量的变化

第二讲

转炉高效底吹的理论与实践

一、转炉底吹布置的基础理论

底吹气体从底吹元件喷射出之后，在浮力及动能的作用下，向熔池表面流动，从而实现熔池快速混匀的效果。同时，由于熔池温度远高于气体自身的温度，气泡容积会大幅膨胀，从而加强了熔池搅拌。为了保证转炉全炉役的底吹效果，国内外学者对转炉底吹元件的布置与数量进行过很多研究，因为很难进行生产实验，所以大部分发表的研究集中在数学模型计算和水模型研究方面。研究表明，底吹枪的位置分布大概可以分为 4 种类型，一是沿圆周对称分布，所有的底吹枪在圆周上的夹角相同；二是沿圆周非对称分布，沿圆周分布，但各支底吹枪之间的夹角不尽相同；三是非圆周分布，一般以两排布置为多；四是其他异形布置，比如梯形布置、两圆周布置等。

一般来说，圆周分布的底吹枪都会存在一个最佳的位置，在该位置熔池的混匀时间最短，同时需考虑底吹气体与氧枪气流的相互作用，还需考虑底吹气体对炉衬耐火材料的冲击。如果底吹枪布置非常靠近熔池外侧，底吹气流就会冲击炉壁，造成耐火材料的侵蚀速度加快。如果底吹枪布置在熔池最内侧，则底吹搅拌面积会非常小，达不到良好的搅拌效果。同时，如果底吹气流正好与氧枪气流相冲突，则钢水流动就会相互抵消，达不到相应的搅拌效果。而且，炉底是球形的转炉，如果采用溅渣护炉工艺且底吹元件布置比较靠近炉底中心，则溅渣护炉后，渣层很容易流向底吹枪位置，造成底吹枪堵塞，影响复吹效果。

同时，底吹元件的数量也非常重要，底吹元件的数量与底吹强度有一个最佳的匹配。在相同的底吹流量条件下，如果该底吹流量太小，底吹枪数量也较少，则底吹效果不佳，但效果也优于小底吹流量，且很多支底吹枪布置的情况。在大底吹流量条件下，如果底吹枪支数过少，则会造成熔池涌动，达不到良好搅拌的效果。目前，国内转炉普遍以弱底吹搅拌为主，且底吹枪数量一般设置为20t钢/支，数量普遍偏多。日本转炉的底吹枪数量相对较少。

二、转炉底吹优化实践

底吹搅拌的相关研究很多，理论分析与现场实践都有，但是在实际操作中却很难保证有非常有效的底吹效果，其主要的原因包括以下 4 点。

难点一：底吹枪的数量、位置分布、底吹枪的类型和底吹流量不仅是影响钢液搅拌效果的主要原因，同时也是影响炉衬侵蚀最主要的原因之一，但是，国内外的转炉底吹枪数量与位置分布千差万别，即使采用数学模型计算的结果，也难以形成一致的思想。

难点二：炉衬与底吹枪的维护没有有效的措施，难以保证炉衬稳步侵蚀，炉衬侵蚀严重，补炉反复，导致底吹枪在实际使用过程中难以保证透气效果。

难点三：由于底吹效果较差，尤其在转炉炉龄中后期，基本放弃了底吹，对底吹工艺的优化基本没有研究，大多数转炉到炉龄中后期，底吹枪的作用基本形同虚设。

难点四：熔池侵蚀成为限制转炉寿命的关键环节，为了减少熔池侵蚀，不得不采用高炉底厚度控制模式，底吹效果更难以保证。

对于迁钢 210t 转炉，项目开始前，一般采用 12 支底吹枪的双节圆布置方式（如图 5 所示），底吹枪类型为双环缝式，12 支底吹枪的总流量设计为 0.05~0.15Nm^3/min/t，但实际上为 0.03Nm^3/min/t 左右，在转炉炉役前期，底吹枪裸露较好，随着炉

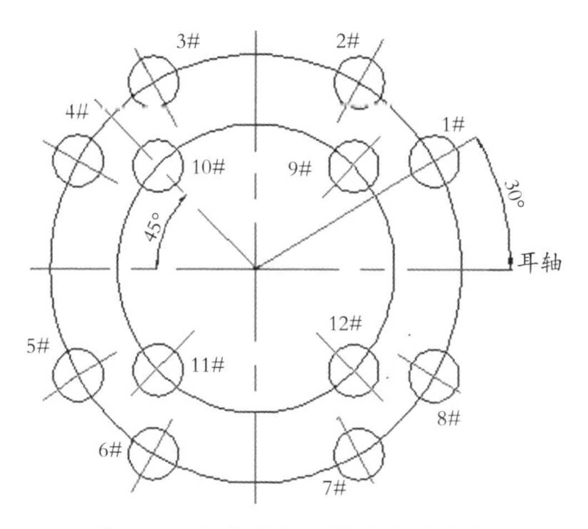

图 5　12 支底吹枪双节圆布置方式

龄增加，底吹枪裸露不能保证，补炉后底吹枪被覆盖，底吹气体从熔池区域溢入炉内。底吹枪裸露情况如图 6 所示。

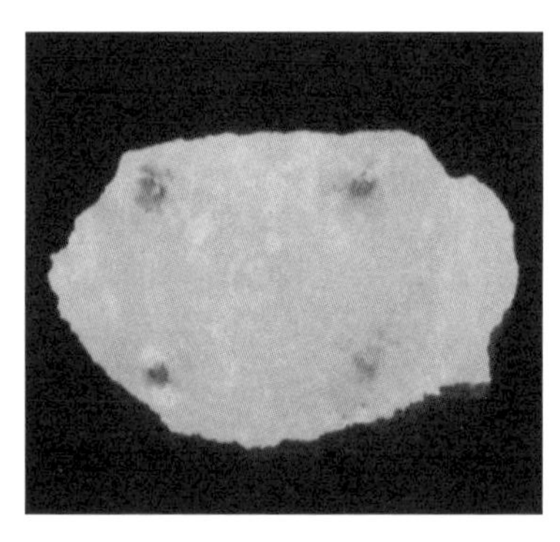

（a）裸露较好

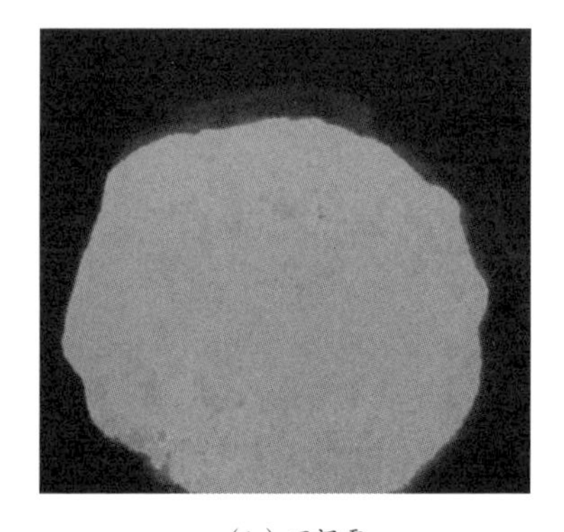

（b）不裸露

图 6　底吹枪裸露情况

根据阶段控制结果，在几种不同类型的底吹枪数量分布情况下，底吹枪裸露情况随底吹流量变化的规律如表 1 所示。

表 1　底吹枪裸露情况随底吹流量变化的规律

底吹枪分布情况	具体描述流量控制
12	1200Nm^3/h 以上才能保证良好裸露
8	1000Nm^3/h 以上才能保证良好裸露
6	800Nm^3/h 以上即能保证良好裸露
4	480Nm^3/h 以上即能保证良好裸露
4 支梯形分布	480Nm^3/h 以上即能保证良好裸露

在首钢股份公司迁安钢铁公司（以下简称迁钢）目前的生产条件下，如果采用 480~600Nm^3/h 的底吹流量，只有在 4 支底吹枪的条件下才能保证底吹枪的裸露。而在 12 支底吹枪的条件下，很难保证 4 支以上裸露。主要表现在以下 4 点。

①底吹枪数量较多时，单支底吹枪的流量较小。

②当采用 12 支底吹枪时，单支底吹枪的流量全部增加，炉衬的维护困难，底吹枪和炉衬侵蚀

严重。

③底吹枪数量较多时，底吹枪难以保证都裸露，随着炉龄增加，底吹枪裸露的数量减少。

④由于底吹枪数量较大，几支底吹枪共用一套气囊，通气量难以保持平均分配，容易堵塞。

因此，开展 4 支底吹枪条件下转炉混匀时间的数值模拟，设置底吹元件为 4 个，为考察底吹元件分布位置对于转炉钢液流场的影响，鉴于目前国内底吹强度的水平，选取底吹流量 1000Nm^3/h，分别设置底吹元件均匀分布在炉底的 0.45D、0.50D、0.52D、0.55D、0.60D、0.65D 位置，如下页图 7 所示。

通过实验可以得出，底吹枪的裸露是保证底吹效果的主要原因，为此进行了设备改造与技术优化。

①增加气包数量，1 支底吹枪用 1 个气包，保证每支底吹枪的流量可以单独灵活调节，从而实现根据每支底吹枪的裸露情况，进而达到动态调整底吹流量的控制目标。

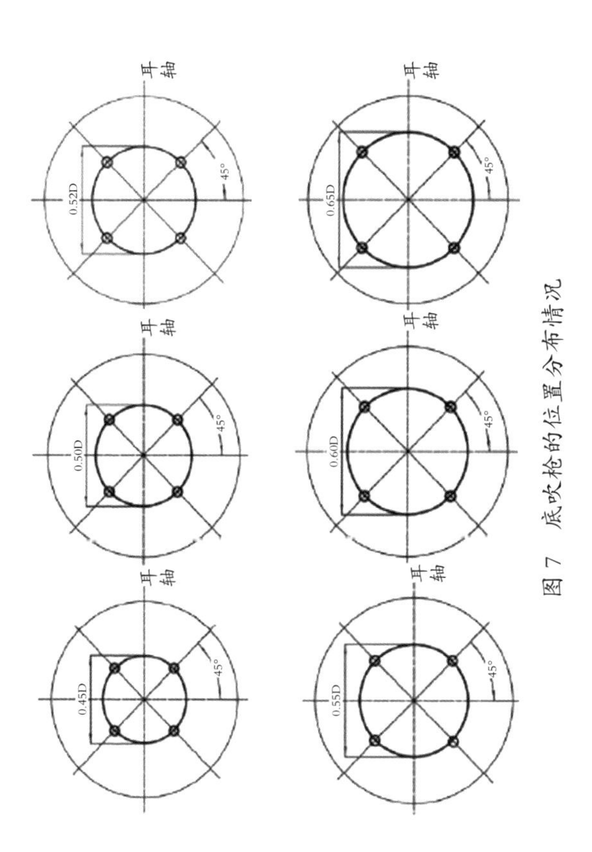

图 7　底吹枪的位置分布情况

②结合研究结果及实际情况，将 12 支底吹枪改为 4 支底吹枪，并处于 0.40D 的位置。

③底吹枪的位置分布采用圆周分布或者梯形分布的方式。

④底吹流量达到 $800Nm^3/h$ 时，搅拌效果明显。

炉底底吹枪布置采用梯形布置后，由于每支底吹枪互相之间的气流干涉范围变小，且底吹气流在钢渣界面会互相融合，形成较大的搅拌气流，搅拌效果优于底吹枪圆周分布的搅拌效果。

三、转炉底吹元件类型的研究

为研究底吹枪对转炉全炉役碳氧积的影响，研究了不同类型底吹枪的应用情况。不同类型底吹枪的形貌如下页图 8 所示。

双环缝式、三环缝式和集束管式底吹枪的通气面积分别为：40π、51π、67.5π（mm^2），集束管式底吹枪的通气面积远大于双环缝式底吹枪的通气面积。环缝式底吹枪的主要特点是，喷嘴所用的耐

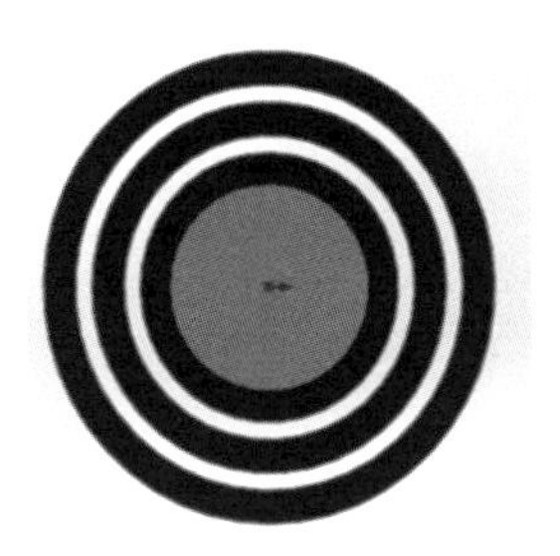

（a）双环缝式

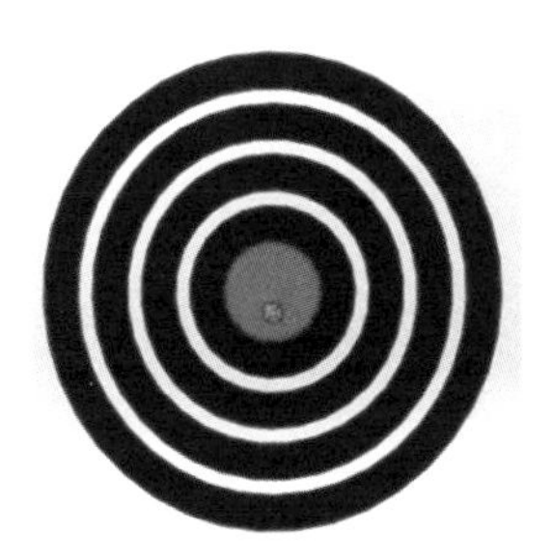

（b）三环缝式

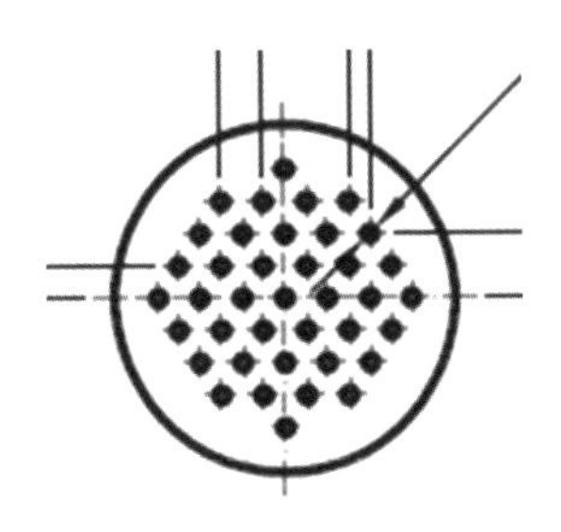

（c）集束管式

图 8　不同类型的底吹枪形貌

火材料寿命长，但气流稳定性难以保证，难以满足较大气量要求；集束管式底吹枪的主要特点是，气量调节范围大，安全性好。集束管式和三环缝式底吹枪的使用情况如下页图 9 和第 24 页图 10 所示。

图 9 为 2 号炉第 7、第 10 和第 11 炉役累计碳氧积情况，其中第 7 炉役为对比炉役，代表迁钢转炉之前的控制水平，第 10 炉役采用双环缝式底吹枪，经过长期实验摸索及相关技术的应用，实现了全炉役平均碳氧积为 0.0025 的控制效果。第 11 炉役为迁钢第一个采用集束管式底吹枪的炉役，最终实现全炉役平均碳氧积为 0.0025。

同时，从图 9 中可以看出，采用集束管式底吹枪，前期碳氧积低，在转炉炉龄＜ 2000 炉的条件下，可以实现转炉碳氧积≤ 0.0020 的控制效果。

图 10 为 3 号炉第 6、第 10 和第 11 炉役累计碳氧积情况，其中 3 号炉第 6 炉役基本是迁钢转炉的控制水平，500 炉以后碳氧积增长到 0.0028 的水平，全炉役碳氧积也控制在 0.0028 左右。第 10 炉役采

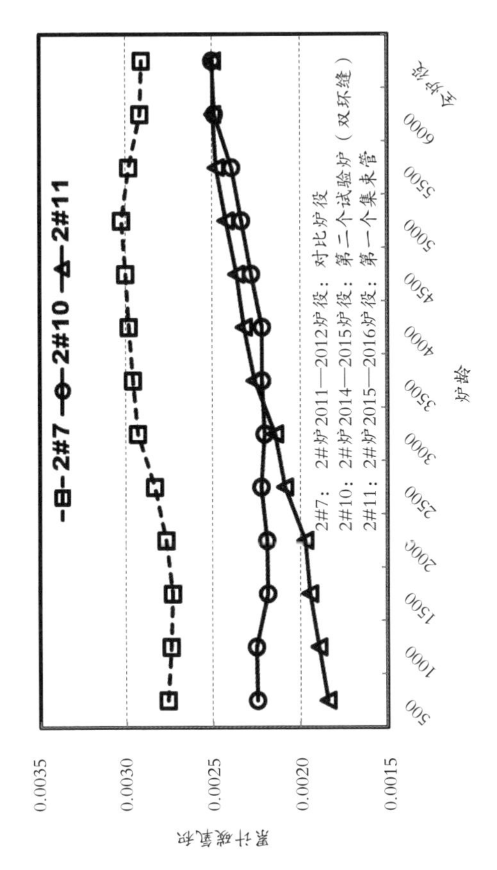

图9　集束管式底吹枪的使用情况

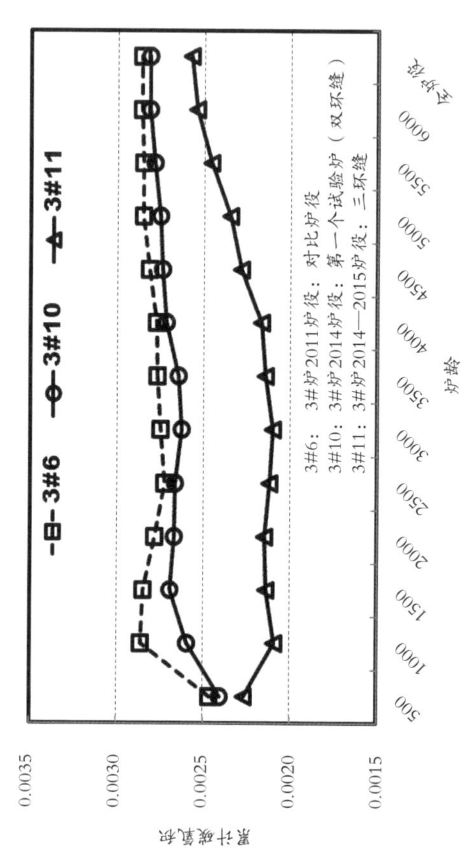

图10 三环缝式底吹枪的使用情况

用系列技术，但是全炉役碳氧积仍然控制在 0.0028 左右的水平，主要原因在于 1000 炉以后碳氧积仍然较高。第 11 炉役为控制效果较好的炉役，采用三环缝式底吹枪，前 4000 炉碳氧积控制在 0.0022 的水平，4000 炉以后碳氧积开始逐渐上升，最终全炉役碳氧积为 0.0026。

三种类型的底吹枪对比结果表明，采用集束管式底吹枪不仅具有安全性能好、通气能力强等特点，更能明显降低碳氧积，因此在迁钢逐渐形成了集束管式底吹枪取代环缝式底吹枪的趋势。梯形布置的底吹枪分布如下页图 11 所示。

制定底吹枪流量分配动态调整的措施，根据底吹枪的底吹流量与压力变化，以及底吹枪裸露的实际情况，动态调整单支底吹枪的底吹流量。正常情况下，在 4 支底吹枪的底吹流量分配中，每支流量分配都为 25%，如果某支底吹枪的底吹流量无法达到设定值，或者出现相同的流量但压力过大的情况，则可以增加单支底吹枪单支流量最大至 40% 的

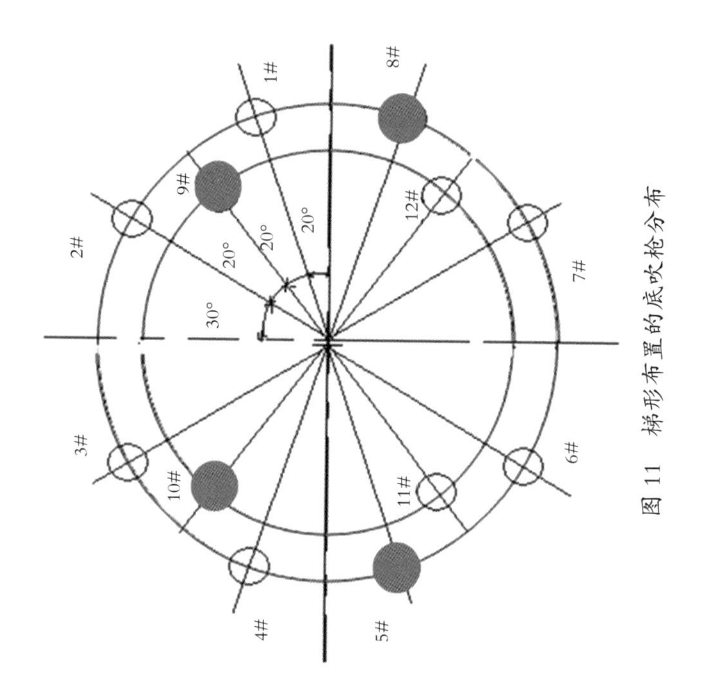

图 11 梯形布置的底吹枪分布

分配比例，通过加强气流冲击，实现堵塞的底吹枪复通，保证了熔池的有效搅拌。如果某支底吹枪的压力降低明显且过度裸露时，可以调节此底吹枪单支流量最小至 10% 的分配比例，降低流量，维护底吹枪的寿命。在吹炼的过程中，底吹枪的总流量按照 300~800Nm^3/h 设置，能够满足生产的要求，单支底吹枪的流量控制在 30~500Nm^3/h，实际生产过程中，单支底吹枪的流量控制在 120~200Nm^3/h 是最佳选择。

通过以上改进后，转炉底吹枪基本能够全程裸露，碳氧积稳定在 0.0025 以下的控制效果。气包的分布情况如下页图 12 所示。

通过以上研究可以发现，采用 12 支底吹枪双节圆布置时，每支底吹枪的流场存在互相抵消的现象，导致底吹效果不好，因此单节圆布置的底吹枪对转炉底吹效果有利。同时，在相同总流量情况下，4 支底吹枪条件下流场的流速远高于 6 支、8 支、12 支底吹枪条件下流场的流速。而且，当底吹

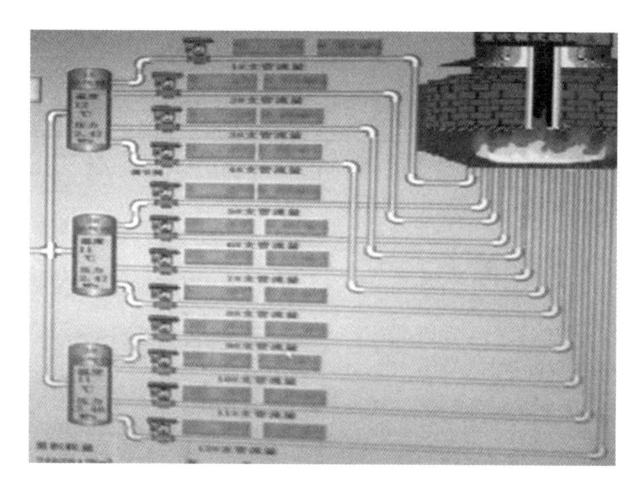

（a）改进前

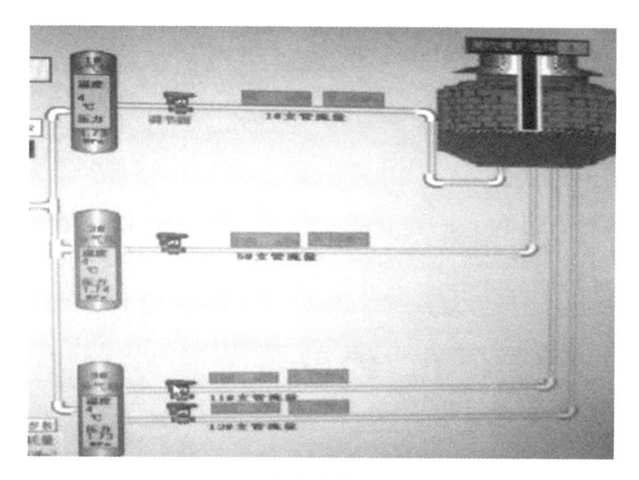

（b）改进后

图 12　气包的分布情况

枪靠近外接圆布置时，炉衬区域的流速太大，同时在转炉中心区域形成向下的环流，同样影响底吹效果。因此对于转炉底吹，应尽量促成每支底吹枪形成大的单独环流，避免每支底吹枪形成小的环流影响底吹效果。

第三讲

炉衬与底吹枪的精准维护措施

一、底吹枪裸露对底吹效果的影响

延长炉衬寿命和提高钢水质量是矛盾的，但是可以在保证钢水质量的前提下优化工艺参数，尽量提高炉衬寿命。全炉役溅渣层厚度与转炉终点碳氧积的关系如下页图13所示，该转炉运行过程中，通过控制各项参数尽量保持底吹枪裸露，但是在炉龄后期裸露效果较差，溅渣层厚度控制在200mm以上。从图13中可以看出，溅渣层厚度在100mm以内时，溅渣层厚度基本不影响底吹枪的透气效果，可以实现转炉终点碳氧积在0.0016~0.0025波动。溅渣层厚度大于150mm之后，随溅渣层厚度的增加，转炉终点碳氧积上升趋势非常明显，这是由于较厚的溅渣层导致底吹效果较差，达不到有效搅拌的效果，此时转炉终点碳氧积甚至可以达到0.0040以上。因此，为保证碳氧积在0.0025以下，需控制溅渣层厚度在150mm以下，才能达到底吹枪裸露，实现有效底吹的效果。

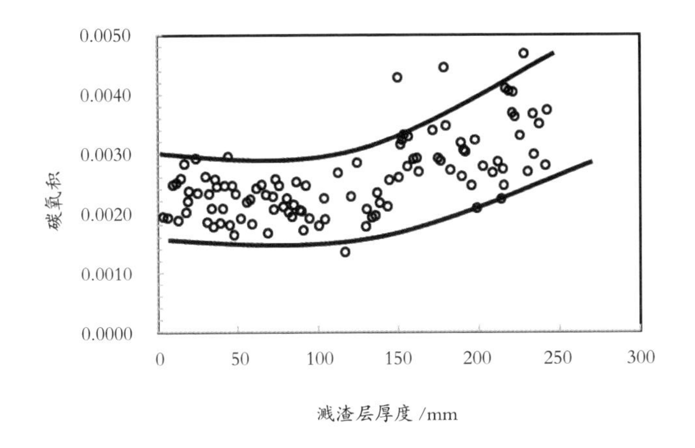

图 13　全炉役溅渣层厚度与转炉终点碳氧积的关系

在转炉生产过程中，追求炉衬的稳步侵蚀非常重要，只有炉衬稳步侵蚀才能够保证全炉役内底吹枪处于裸露状态。一旦炉衬侵蚀严重，就需进行补炉，保证炉底厚度，牺牲了底吹，即使增大流量也难以保证底吹效果。所以必须保证炉衬稳步侵蚀，才能够使底吹枪的长度随着炉底厚度逐渐降低，而不存在底吹枪缩短而炉底增厚的情况。

但是在实际生产过程中，由于不同钢种对转炉终点温度、碳含量、氧含量的要求均不同，因此不同钢种的吹炼工艺差别较大，尤其是冶炼超低碳钢种时，由于对转炉终点碳氧积、氧含量的特殊要求，底吹流量需要控制较大，炉衬侵蚀严重。而当冶炼碳含量较高的钢种时，为了维护炉衬，底吹流量控制较小，即可满足要求，因此每个钢种对转炉炉衬、底吹枪的侵蚀也不相同，难以对炉衬进行稳定控制。以迁钢一炼钢为例，2015 年转炉终点碳含量的控制结果如下页图 14 所示。从图 14 中可以看出，转炉终点碳含量波动范围在 0.016%~0.11%，波动范围很大，同时转炉终点温度在 1600~1730℃波动，波动范围也很大。

二、渣层厚度精确控制技术的开发

从图 13 可以看出，转炉终点碳氧积和溅渣层厚度有密切的关系，溅渣层厚度太薄时，底吹枪裸露效果良好，但此时不能形成“蘑菇头”，容易导致底吹枪侵蚀过快。溅渣层厚度太厚时，底吹气体不能进入炉内，达不到有效搅拌的作用。更严重

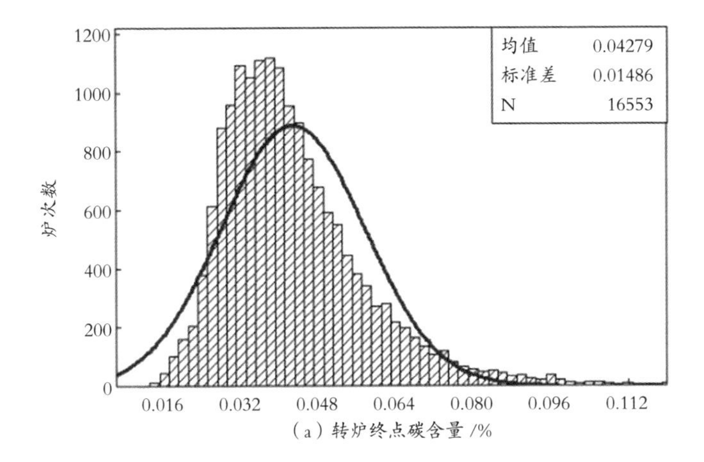

（a）转炉终点碳含量 /%

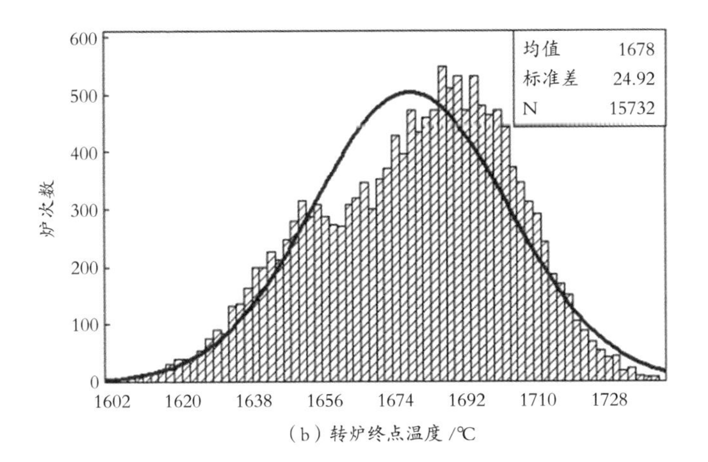

（b）转炉终点温度 /℃

图 14　迁钢一炼钢 2015 年转炉终点碳含量的控制结果

时，底吹气体从炉壳和镁碳砖耐火材料之间的间隙通过，造成耐火材料寿命缩短。为此，开发了渣层厚度精确控制技术，其主要内容包括以下 3 点。

①制订详细的炉底厚度随炉龄变化的控制计划，按阶段精确控制炉底厚度变化，控制炉底厚度持续稳定慢速的下降。

②制定底吹枪裸露判断参考标准，根据具体标准判定底吹枪裸露情况。

③制定并实施复吹动态控制方案，根据前 10 炉碳氧积情况和炉底及底吹枪高度、底吹枪裸露情况，炼钢工进行动态调整，包括溅渣频率及强度、氧化镁（MgO）含量控制、补护炉调整、复吹流量及各支管分配比调整等。

最终目标是实现全炉役内炉底与底吹同步。采用该方案后，炉底厚度随炉龄的变化趋势如下页图 15 所示，从图中可见，该炉完全实现了炉底及底吹枪厚度根据炉龄变化，实现均匀下降的趋势。

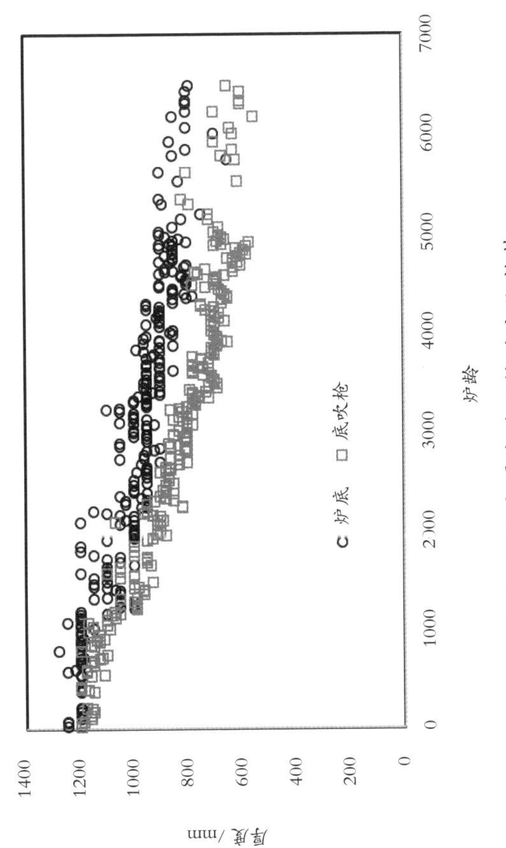

图 15　炉底厚度随炉龄的变化趋势

第四讲

全炉役炉型精准维护技术

一、炉型维护的重要性

转炉的炉衬长期经受钢液、炉渣、气流的冲刷，当其出现局部凹坑、凸台等不圆润区域时，钢液、炉渣、气流容易在该处出现旋流或死区，导致侵蚀严重或形成“结瘤”，尤其是在转炉的前后大面区域。因此维护转炉全炉役的炉型非常重要。

由于加入废钢容易造成炉衬受冲击损坏，溅渣护炉导致炉底上涨、吹炼时的炉衬侵蚀等都是造成炉型不稳定的影响因素，因此需要全炉役对炉型进行维护。转炉测厚情况如下页图 16 所示。

由于冶炼强度较大，以及来不及维护转炉的前大面区域凹坑，转炉炉型的不规整导致凹坑部位被钢水冲击变大，4 号炉 2010 年炉役经历了 152 炉的冶炼，转炉前大面区域由开始的轻微侵蚀变成了严重侵蚀，厚度由 600mm 下降至 420mm 左右。

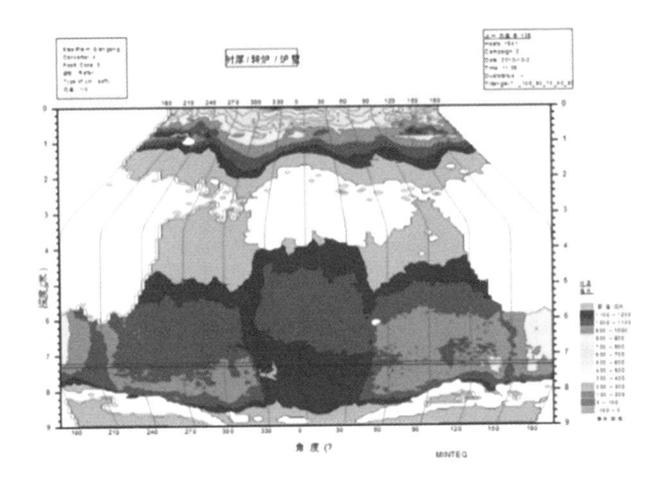

（a）炉龄 1841

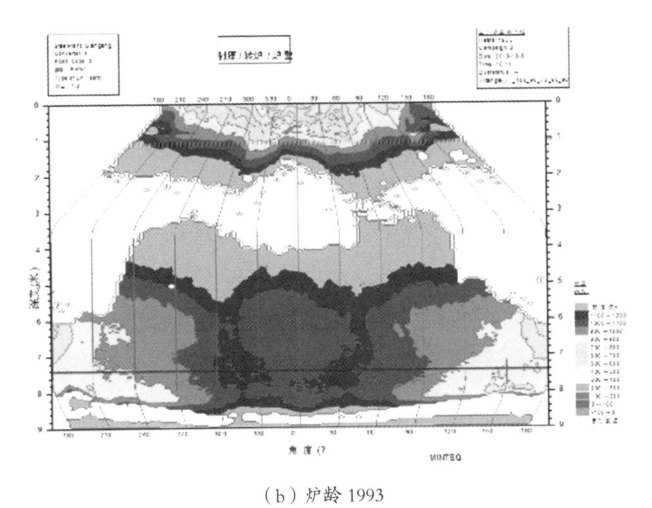

（b）炉龄 1993

图 16　转炉测厚情况

二、变熔池线操作技术开发

转炉的熔池区域由于受钢渣界面的冲刷侵蚀，属于转炉炉衬的薄弱区域，在迁钢 210t 转炉的生产过程中，熔池侵蚀是影响转炉底吹效果的最主要因素之一。由于转炉的熔池与炉底接触的三角区域是耐火砖所受应力最大的位置，同时钢水的冲刷也最严重，往往在炉龄 1000 炉左右时，拐角区域就已经侵蚀损坏，为了提高熔池区域的炉衬寿命，各钢厂均对转炉砌炉进行优化，主要是环砌方式代替了平砌方式，避免了采用平砌方式导致的拐角处耐火材料寿命较低。平砌方式与环砌方式耐材布置如下页图 17 所示。

采用环砌方式砌炉后，转炉熔池的寿命大大提高，但是在全炉役的生产过程中，熔池区域的侵蚀依旧是其薄弱区域。在迁钢 210t 转炉的实际生产过程中，熔池区域补炉操作较为困难，为了保证熔池区域的炉衬厚度，不得不将补炉料堆积至熔池区域，增加炉底厚度，牺牲底吹。

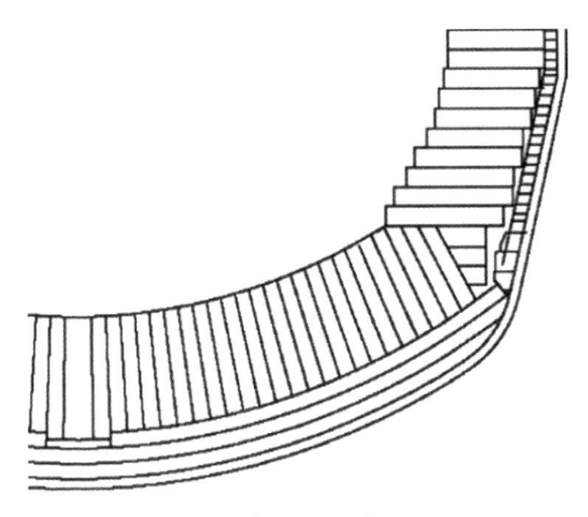

（a）平砌方式

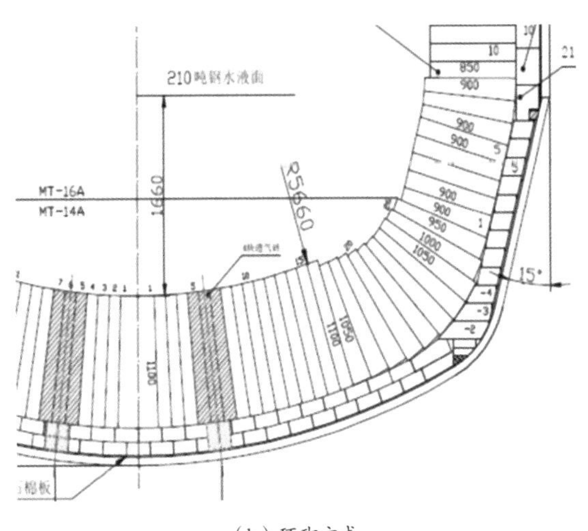

（b）环砌方式

图 17　平砌方式与环砌方式耐材布置

为了避免熔池区域成为侵蚀的薄弱点，并最终影响转炉的炉衬寿命，开发了转炉变熔池线操作技术，在转炉的全炉役吹炼过程中，采用炉衬与底吹枪动态维护技术保持炉底厚度逐渐下降，熔池区域随着炉底厚度的下降而下降，由于熔池区域的下降，在转炉的全炉役生产过程中，形成了变熔池线操作，避免了整个炉役中固定区域一直是侵蚀最薄弱区域，提高了炉衬的侵蚀寿命。

采用该技术后，炉衬的侵蚀区域增加，在不同的炉龄阶段，侵蚀的部位不同，如下页图 18 所示，同样为炉龄 4000 炉左右，第 10 炉役转炉三角区上方的熔池侵蚀严重，很难保证良好的炉型，而采用变熔池线操作后，第 12 炉役炉龄 4000 左右时，转炉侵蚀区域主要集中在炉底中心部位，熔池及三角区不再是侵蚀最严重的区域。

在整个炉役中，炉底的侵蚀速度为 0.15mm/ 炉左右，如第 37 页图 15 所示，从开炉到 2000 炉左右，炉衬厚度变化从 1200mm 降低至 1000mm，而采用

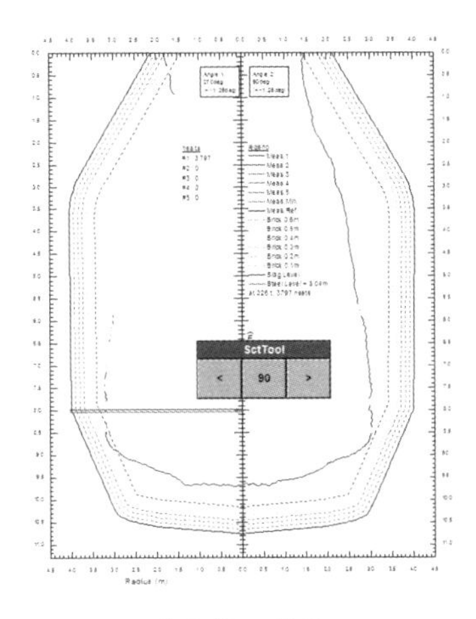

（a）第 10 炉役

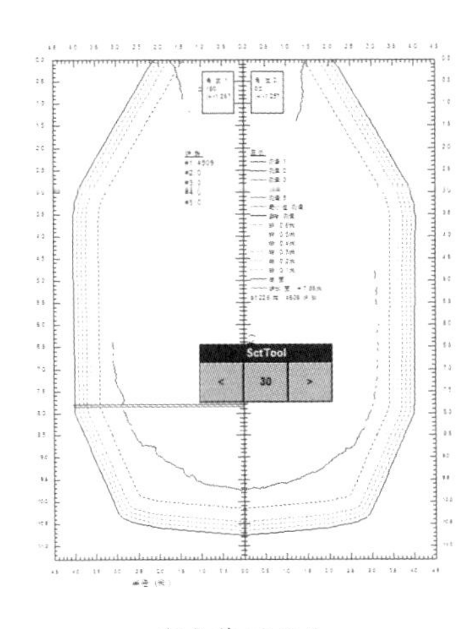

（b）第 12 炉役

图 18　第 10 炉役与第 12 炉役 4000 炉左右时测厚图

该技术前，炉衬厚度降低至200mm的炉次数大约为1000炉，整个炉衬使用寿命延长了1倍左右，大大提高了使用寿命。

三、炉型维护技术开发

在实际生产过程中发现，转炉熔池部位的侵蚀与转炉炉身部位的侵蚀有很大关系。转炉炉身前大面区域由于经常受废钢、铁水等冲击，很容易形成沟槽状凹坑，尤其是如果某一阶段转炉频繁采用大块坯头等重型废钢，炉身前大面区域就会受到冲击而出现凹坑。前大面区域受损后，如果不及时修复，凹坑就会逐渐向熔池部位延伸，而熔池出现凹坑后，在钢水的冲刷下，侵蚀速度会明显加剧。

因此，针对前大面区域受损导致熔池侵蚀过快的实际情况，采取了以下措施。

1. 严格限制废钢尺寸

严格控制大块坯头等废钢尺寸在300mm×500mm以内，减少了加入大块坯头时由于重力导致的对转炉炉衬的机械冲击。

2. 优化不同尺寸的废钢在废钢料斗中的装入位置

之前的废钢在废钢料斗中的摆放模式为混装，即不区分不同尺寸的废钢的摆放位置，该摆放模式减少了工人的劳动强度。大块坯头等重型废钢在前，渣钢在后，该摆放模式可以减少废钢加入过程中渣钢的洒落。这两种模式都会造成废钢加入过程中重型废钢优先进入转炉，废钢加入时对炉衬的冲击较大。因此将废钢在废钢料斗中的摆放模式优化为：先摆放小型、中型废钢，然后摆放渣钢，最后摆放重型废钢，该模式可以减少重型废钢对炉衬的冲击。

四、补炉技术开发

在转炉的一个炉役期内，补炉的成本是转炉炼钢成本的一个主要内容，在传统工艺生产过程中，为了实现在转炉炉役期内，达到经济炉龄的目标，转炉炉役前期（一般为在前 1000 炉次内），不进行补炉操作，随着炉龄的增加，补炉料消耗增加，这也是转炉炉役后期，转炉炉底增加的原因。随着补炉料消耗增加，炉底增厚，底吹效果逐渐减弱，直至基本没有底吹。

底吹枪难以裸露的最主要原因之一，就是由于炉底的厚度变化幅度较大，当炉衬侵蚀严重进行补炉时，一次性补炉较厚，底吹枪堵塞或者底吹枪上覆盖一层厚厚的补炉料，导致底吹枪不能裸露。

下页图 19 为转炉终点碳氧积和转炉炉底厚度随炉龄的变化规律，从图中可以看出，4000 炉左右时，由于炉底厚度较薄，为了安全起见，将炉底厚度控制在某一安全的范围，此时，转炉终点碳氧积呈现明显上升趋势。

为了降低补炉对底吹的侵蚀，同时达到维护炉衬的目标，需要对补炉料的粒度进行优化。当补炉料的粒度较大时，底吹枪上覆盖的补炉料透气性好；当补炉料的粒度较小时，补炉料疏松，炉衬耐

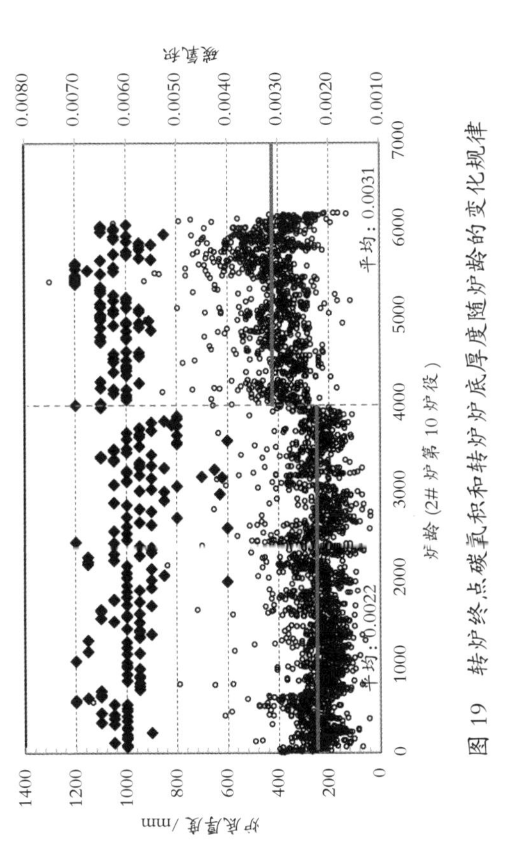

图 19　转炉终点碳氧积和转炉炉底厚度随炉龄的变化规律

侵蚀性好，直接影响了透气性。为了优化补炉料的粒度，进行了补炉料粒度优化试验，通过此次试验，迁钢确定了补炉料中大颗粒（5~10mm）所占比例为 37% 的补炉料透气效果最佳，应用于工业生产并取得了良好的效果。

对于迁钢 210t 转炉而言，由于炉型属于瘦高型，在转炉炉役过程中，容易侵蚀的部位主要是熔池区域，相对于炉底侵蚀，熔池区域的护炉更难，原因在于补炉料很难精确投放到熔池区域，即使能够精确地喷补到熔池区域，也很难烧结在熔池区域，最终大部分补炉料都由于重力作用掉落到炉底。在生产过程中，由于熔池区域侵蚀直接影响到炉龄，为了保证熔池区域足够的安全厚度，不得不增加炉底的补炉厚度到熔池区域，以保证补炉料补到熔池区域。因此，在实际生产过程中，一旦熔池区域侵蚀严重，底吹效果就很难保证。

在以往生产过程中，由于对底吹重视不够，转炉炉役前期，不进行补炉操作，在 1000 炉次左右时，炉型基本稳定，开始进行日常补炉操作，每天进行 2 次补炉操作，随着炉龄增加，每次补炉料消耗增加，至炉役结束前 300 炉次，补炉料消耗降低。

为了实现炉衬稳步侵蚀，开发了新的补炉工艺，主要原则为“早补、勤补、少补、重点补”的工艺，该措施在现场实施后，实现了转炉补炉料消耗降低，炉底厚度稳定控制，同时可以稳定保证底吹枪裸露的控制效果。

第五讲

转炉底吹模式的优化

一、转炉对底吹模式的要求

转炉吹炼过程中，全程保持较大的底吹流量，能够达到强搅拌的效果，但是由于底吹对炉衬与底吹枪的侵蚀影响，全程大底吹流量显然是不利的，因此在转炉吹炼过程中，需要结合转炉的吹炼过程进行调节。在传统的生产工艺中，由于底吹流量较小，且在炉役后期底吹基本没有效果，因此，底吹模式的制定形同虚设，底吹模式仅仅停留在纸面上，不关注底吹的实际控制结果。

转炉的吹炼对底吹的要求一般为以下 3 点。

①在转炉的吹炼前期，炉内温度较低，有利于脱磷，由于加入的造渣料没有充分熔化，炉渣的实际碱度较低，不利于脱磷，因此在转炉的吹炼前期，加强底吹有利于加强脱磷的动力学条件。

②在转炉吹炼中期，随着铁液中碳元素的氧化，炉渣中的 FeO 含量逐渐降低，进入炉渣的“返干期”，此时最主要的目标是对氧枪吹炼参数进行优化，提高炉渣的 FeO 含量，实现化渣，促进钢渣

之间的反应，此时即使提高底吹流量，对转炉的成渣起的作用也不大。

③在转炉吹炼末期，炉渣碱度和炉渣中的 FeO 含量增加，炉渣的脱磷能力增加，由于温度较高不利于脱磷，此时保持较大的底吹流量，有利于钢渣之间的反应，促进脱碳和脱磷。

二、吹炼模式的开发

在底吹枪保证裸露后，底吹流量对转炉吹炼过程、转炉终点控制的影响逐渐凸显出来，在转炉吹炼过程中，底吹流量所起的作用不同，目标也不同。因此，结合转炉吹炼的实际过程与反应原理，开发了以降低转炉终点氧含量为目标的吹炼模式。新底吹模式和旧底吹模式对比如下页图 20 所示。

对比两个炉役的试验结果可以发现，采用新底吹模式条件下脱磷效果明显较好。采用前期大底吹流量，促进脱磷反应，中期降低底吹流量，达到节约底吹气体的目的，后期通过强搅拌促进钢渣之间

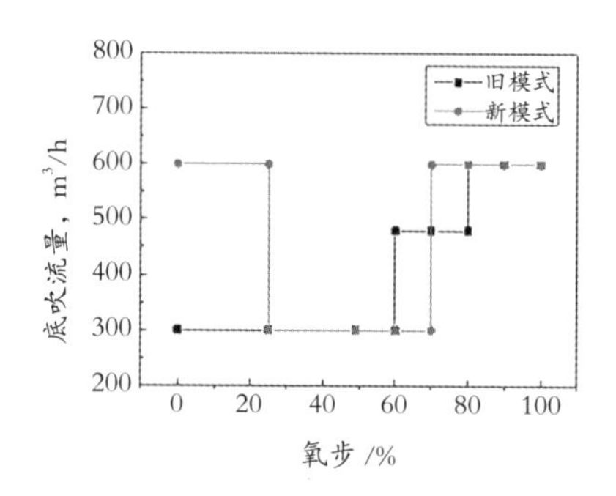

图 20　新底吹模式和旧底吹模式对比

平衡，可以起到良好的脱磷效果。在铁水磷含量有所降低的条件下，脱磷率与之前仍保持相同。

通过以上试验，可以得出以下结论。

①吹炼前期，采用较大的底吹流量，脱磷效果较好。

②吹炼中期，底吹流量大没有影响，氧含量处于难以控制的阶段，盲目提高底吹流量对炉衬侵蚀严重。

③吹炼后期，提高流量对脱磷、降氧有效，但是炉衬侵蚀严重，需要控制合理的底吹时间与氧枪的配合，以达到降低氧含量的目标。

后 记

刚参加工作时，我的师傅嘱咐我：三百六十行，行行出状元。成为一名炼钢工，最难的还是眼力，通过炉口火焰判断钢水温度和碳含量这是经验炼钢年代炼钢工的绝活儿。那时，我每天面对通红的转炉看钢水，通过观察炭花的弹跳高低、强弱、分叉情况，判断出准确的碳含量，练就出了一双透视镜般的“火眼金睛”。

2014 年，迎来了我职业生涯的一次大考验，作业部党委决定由我组建攻关团队，解决转炉复吹这个行业难题。转炉复吹通俗点讲就是可以使转炉生产的钢水更加洁净，生产更加稳定、高效、经济，为拿下这个行业制高点，我每天“钉”在现场，记录下转炉实时的复吹情况，光是拍照用的相机都烤坏了两台，手机烤坏了3部，到目前照片累计超过了10万张。功夫不负有心人，现在我们的炉子寿命达到了8000多炉，转炉复吹比实现100%，反映转炉复吹控制的行业指标碳氧积达到0.00148，进入世界一流行列。

钢水洁净度的大幅提升，助力核心产品品质的提级，“卡脖子”的问题成功解决，关键技术打破国外长期垄断，部分产品替代进口，成功应用于清洁能源张北—雄安特高压输电、白鹤滩及乌东德水电站、港珠澳大桥等国内重点工程，在大国重器的制造中展示中国钢铁的力量和担当。

上述向各位朋友介绍的是我们在实践工作中的点滴创新体会和工作心得，还有很多缺陷和不足需要进一步完善，诚恳地希望各界精英、专家多提出宝贵意见。

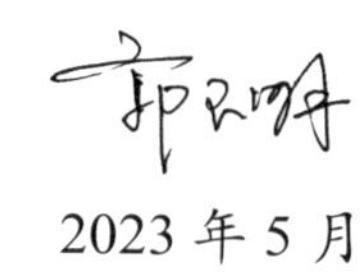

2023年5月

图书在版编目（CIP）数据

郭玉明工作法：复吹转炉底吹的精准维护 / 郭玉明著. —北京：

中国工人出版社，2023.7

ISBN 978-7-5008-8233-6

Ⅰ. ①郭… Ⅱ. ①郭… Ⅲ. ①复合吹炼转炉－底吹转炉炼钢 Ⅳ. ①TF748.21

中国国家版本馆CIP数据核字（2023）第126494号

郭玉明工作法：复吹转炉底吹的精准维护

出 版 人　董 宽

责任编辑　时秀晶

责任校对　张 彦

责任印制　栾征宇

出版发行　中国工人出版社

地　　址　北京市东城区鼓楼外大街45号　邮编：100120

网　　址　http://www.wp-china.com

电　　话　（010）62005043（总编室）

（010）62005039（印制管理中心）

（010）62046408（职工教育分社）

发行热线　（010）82029051　62383056

经　　销　各地书店

印　　刷　北京美图印务有限公司

开　　本　787毫米×1092毫米　1/32

印　　张　2.5

字　　数　35千字

版　　次　2023年8月第1版　2023年8月第1次印刷

定　　价　28.00元